Sigrid Wetzel-Maesmanns

Weihnachtsbasteln kinderleicht

W0462853

ENGLISCH VERLAG

Die Deutsche Bibliothek – CIP-Einheitsaufnahme
Weihnachtsbasteln kinderleicht / Sigrid Wetzel-Maesmanns. – Wiesbaden: Englisch, 1998
ISBN 3-8241-0839-9

© by Englisch Verlag GmbH, Wiesbaden 1998
ISBN 3-8241-0839-9
Alle Rechte vorbehalten. Nachdruck, auch auszugsweise, verboten.
Fotos: Frank Schuppelius
Printed in Spain

Die Ratschläge in diesem Buch sind von Autorin und Verlag sorgfältig erwogen und geprüft, dennoch kann eine Garantie nicht übernommen werden. Eine Haftung der Autorin bzw. des Verlages und seiner Beauftragten für Personen-, Sach- und Vermögensschäden ist ausgeschlossen. Eine gewerbliche Nutzung der Vorlagen und Abbildungen ist verboten und nur mit ausdrücklicher Genehmigung des Verlages gestattet.
Inhaltsverzeichnis

Inhaltsverzeichnis

Vorwort

Weihnachtszeit ist Bastelzeit! Und gerade Kindern macht es Spaß, Christbaumschmuck, Geschenkanhänger, Weihnachtskarten, kleine Geschenke oder leuchtende Tischlaternen selbst zu basteln. Ob Sterne, Nikoläuse, Schneemänner oder Wichtel, die lustigen Motive werden nicht nur Ihre Kinder in eine fröhliche Vorweihnachtsstimmung versetzen!

Die einfachen Motive sind mit Hilfe des Vorlagebogens spielend leicht nachzuarbeiten und gelingen auch schon kleineren Kindern.

Zum Basteln habe ich ganz einfache Materialien wie Fotokarton, Transparentpapier, Klopapierrollen und Metallfolie verwendet, die Sie im Hobbyfachhandel oder in Schreibwarengeschäften erhalten.

Vielleicht haben Sie sich für die Vorweihnachtszeit aber auch schon einen kleinen Bestand an Bastelmaterial zurechtgelegt, sodass Ihre Kinder gleich loslegen können.

Und nun wünsche ich Ihnen und Ihren Kindern viel Spaß beim Basteln.

Ihre Sigrid Wetzel-Maesmanns

Material und Werkzeug

Zum Basteln benötigen Sie folgende Werkzeuge und Materialien:

- Bleistift und/oder Kugelschreiber
- Schere oder Cutter
- weißer Fotokarton (für alle Schablonen)
- farbiger Fotokarton, Tonpapier, Vivelle, Wellpappe, Goldfolie, Goldkarton
- Pauspapier und farbiges Transparentpapier
- Klebstoff und Tapetenkleister
- eine dicke Nadel und Faden
- Klebestreifen
- schwarzer Filzstift
- Lineal

Die Materialien, die zusätzlich für die einzelnen Motive benötigt werden, sind jeweils in den Anleitungen genau bezeichnet.

Übertragen der Vorlagen

Zum Übertragen der Motive sollten Sie sich zuerst Schablonen anfertigen.

Zeichnen Sie mit Pauspapier das gewünschte Motiv vom Vorlagebogen ab und legen Sie das Pauspapier auf den weißen Fotokarton. Nun werden die Linien mit einem spitzen Bleistift oder Kugelschreiber nachgezogen, sodass auf dem Karton Rillen zu sehen sind.

Anschließend können die Schablonen ausgeschnitten werden. Sie können das Pauspapier mit den nachgezeichneten Motivteilen auch direkt auf den weißen Fotokarton kleben und dann die Schablone ausschneiden.

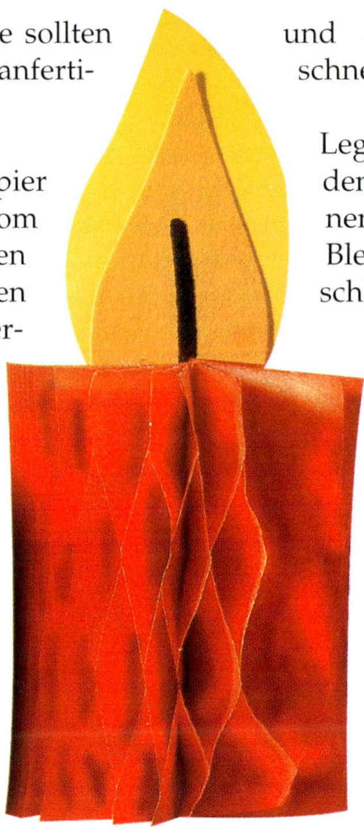

Legen Sie nun die Schablone auf den farbigen Fotokarton, zeichnen Sie die Umrisse mit einem Bleistift nach und schneiden Sie schließlich das Motiv aus.

Wenn Sie Ihr Motiv auf Wellpappe oder Vivelle übertragen wollen, sollten Sie die Schablone auf die glatte Rückseite des Papiers legen und dort den Umriss der Schablone nachfahren.

Bei Wellpappe und Vivelle empfiehlt es sich auch, die Motive mit einem Cutter auszuschneiden.

Christbaumschmuck

1. Goldstern

Material:
- Goldkarton
- Goldfolie
- Goldglimmer
- Klebstoff und Schere
- Nadel und Faden

Anleitung:
Schneiden Sie die Sternform für jeden Stern zweimal aus dem Goldkarton und einmal aus Goldfolie aus. Kleben Sie einen Stern aus Goldfolie hinter den Kartonstern und den zweiten Stern dagegen.

Zum Schluss wird der Stern mit Glimmer verziert und der Aufhängefaden mit einer Nadel durchgezogen.

2. Faltsterne

Material:
- Goldfolie (mit und ohne Sternchenprägung)
- Goldkarton
- Klebstoff und Schere
- Nadel und Faden

Anleitung:
Schneiden Sie aus Goldfolie einen ca. 50 cm langen und ca. 7 cm breiten Streifen und falten Sie diesen Streifen in einem Abstand von ca. 1,5 cm zu einer Ziehharmonika. Für die größeren Sterne wurde ein etwa 10 cm breiter Streifen geschnitten. Nun wird das eine Ende der Ziehharmonika zu einer Spitze geschnitten und anschließend die Ziehharmonika zu einem Stern zusammengeklebt. Zuletzt wird auf beide Seiten ein Goldkartonstern aufgeklebt und mit Hilfe der Nadel der Aufhängefaden durch den Stern gezogen.

3. Nikolaus

Material:

- Fotokarton in Weiß, Schwarz und Hellbeige
- Glanzpapier in Rot
- Vivelle in Weiß
- angerührter Tapetenkleister
- 1 kleine rote Holzperle
- 2 Wackelaugen, ca. 7 mm Ø
- Deckweiß
- Klebstoff und Schere
- Nadel und Faden

Anleitung:

Aus Fotokarton werden die Nikolausgrundform, das Gesicht, die Stiefel und die Handschuhe ausgeschnitten, aus Vivelle der Bart und die Mantelbesätze. Das Glanzpapier wird nun in kleine Stücke gerissen und mit dem Tapetenkleister von beiden Seiten auf die Dreiecksform aufgeklebt.

Lassen Sie den Kleister gut trocknen und schneiden Sie überstehende Papierschnipsel anschließend ab.

Dann werden gemäß der Abbildung das Gesicht, die Handschuhe und die Schuhe aufgeklebt und das Aufhängeband durch die Mütze des Nikolaus gezogen.

4. Schneemann

Material:

- Fotokarton in Weiß und Grün mit weißen Punkten
- Tonpapier in Orange
- ca. 20 cm Strickschlauch, 1 cm breit
- 2 Wackelaugen, ca. 10 mm Ø
- schwarzer Filzstift
- Klebstoff und Schere
- Nadel und Faden

Anleitung:

Schneiden Sie den Schneemann sowie den Hut aus Fotokarton und die Nase aus Tonpapier aus. Anschließend werden der Hut, die Nase und die Wackelaugen aufgeklebt und der Strickschlauch als Schal um den Schneemann gelegt und ebenfalls festgeklebt.

Malen Sie zum Schluss die Knöpfe mit Filzstift auf und bringen Sie den Aufhängefaden im Hut des Schneemanns an.

Fensterbilder und Stecker

5. Stern-Stecker

Material:
- Wellpappe in Gelb
- 1 Schaschlikspieß
- Goldglimmer
- Klebstoff und Schere

Anleitung:
Schneiden Sie den Stern zweimal aus Wellpappe aus und kleben Sie den Schaschlikspieß zwischen die beiden Sterne. Zum Pressen können Sie ein schweres Buch auf den Stecker legen, bis der Klebstoff getrocknet ist. Tragen Sie zum Schluss an den Rändern des Sterns etwas Klebstoff auf und streuen Sie den Goldglimmer darauf.

6. Weihnachtsbaum-Stecker

Material:
- Wellpappe in Grün
- 1 Schaschlikspieß
- Glitzerpfeifenputzer in Grün
- Klebstoff und Schere

Anleitung:
Dieser Stecker wird ebenso wie der Stern-Stecker gearbeitet, jedoch wird der Rand statt mit Goldglimmer mit Glitzerpfeifenputzer beklebt.

7. Knüllstern

Material:
- Fotokarton in Gelb
- Krepp- oder Seidenpapier in Gelb
- 1 Schaschlikspieß
- Klebstoff und Schere

Anleitung:
Das Krepp- oder Seidenpapier wird in viele, ca. 2 x 2 cm große Stücke geschnitten und zwischen den Fingerspitzen zu kleinen Kügelchen gedreht. Schneiden Sie nun aus Fotokarton den Stern aus und bestreichen Sie zuerst auf einer Seite einen Kreis mit Klebstoff. Darauf werden die Kügelchen verteilt und anschließend die Rückseite in der gleichen Weise beklebt.

Zuletzt wird der Schaschlikspieß mit Klebstoff am Stern befestigt.

8. Leuchtende Fenstersterne

Material:
- Fotokarton in Gelb
- festes Transparentpapier in Weiß
- Krepppapier in verschiedenen Farben
- Klebstoff und Schere
- Nadel und Faden oder Klebstreifen

Anleitung:
Zuerst wird ein Bogen weißes Transparentpapier mit Krepppapier gefärbt. Schneiden Sie hierfür das Krepppapier in kleine Stücke, tauchen Sie es in Wasser und legen Sie es auf den Bogen Transparentpapier. Verwenden Sie etwa 4 bis 5 verschiedene Farben, sodass Sie bunte Sterne erhalten. Lassen Sie das Papier ca. 3 Stunden trocknen und entfernen Sie anschließend das Krepppapier. Wenn der Papierbogen zu wellig geworden ist, können Sie ihn mit dem Bügeleisen glätten.

Schneiden Sie nun die Sterne aus und kleben Sie das gefärbte Transparentpapier dahinter. Die Fenstersterne können entweder mit einem Aufhängefaden versehen oder direkt mit Klebstreifen ans Fenster geklebt werden.

9. Fensterkerzen

Material:
- Fotokarton in Schwarz
- Transparentpapier in Rot und Gelb
- Klebstoff und Schere
- Klebstreifen

Anleitung:
Schneiden Sie die Kerzen aus schwarzem Fotokarton aus und hinterkleben Sie die Kerzen mit rotem, die Flammen mit gelbem Transparentpapier.

Zuletzt werden die Kerzen mit Klebstreifen am Fenster befestigt.

10. Fensterbild mit Schneemann

Material:
- Fotokarton in Schwarz, Weiß, Blau, Gelb, Orange, Rot und Grün
- Wabenpapier in Weiß und Grün
- weißer Glimmer
- schwarzer Filzstift
- Klebstoff und Schere
- Nadel und Faden

Anleitung:
Schneiden Sie alle Einzelteile aus Fotokarton aus und kleben Sie diese der Abbildung entsprechend zusammen. Anschließend werden die Augen mit Filzstift aufgemalt und ein wenig weißer Glimmer wird auf das weiße Schneeteil aufgetragen.

Anleitung:
Schneiden Sie alle Einzelteile aus Fotokarton aus und kleben Sie diese der Abbildung entsprechend zusammen. Anschließend werden die Augen mit Filzstift aufgemalt und ein wenig weißer Glimmer wird auf das weiße Schneeteil aufgetragen.
Nun wird ein Halbkreis aus Wabenpapier für den Bauch des Schneemanns ausgeschnitten und auf den Schneemann geklebt. Lassen Sie den Klebstoff gut trocknen. Dann wird das Wabenpapier auseinander gezogen und die zweite Hälfte des Halbkreises auf den Schneemann geklebt. Verfahren Sie ebenso bei den Tannenbäumen aus Wabenpapier.

Für den hängenden Schneemann wird der Halbkreis aus Wabenpapier zweimal ausgeschnitten und sowohl von vorne als auch von hinten auf den Schneemann geklebt.

11. Dreieckiger Nikolaus

Material:
- ✷ Wellpappe in Rot
- ✷ Fotokarton in Weiß und Hellbeige
- ✷ Vivelle in Schwarz und Weiß
- ✷ 1 Wattekugel, ca. 1 cm Ø
- ✷ Plakafarbe in Rot
- ✷ schwarzer Filzstift
- ✷ Klebstoff und Schere

Anleitung:
Schneiden Sie das Unter- und Oberteil der Schachtel aus und ritzen Sie die Faltlinien mit einer Schere leicht an.
Nun können die Schachtelteile geknickt und zusammengeklebt werden. Schneiden Sie nun das Gesicht und die Augen aus Fotokarton aus, ebenso die Bartteile, die Handschuhe und die Bommel aus Vivelle und kleben Sie die Teile gemäß der Abbildung auf.
Die Wattekugel wird mit roter Plakafarbe angemalt und als Nase aufgeklebt.

Zum Schluss werden die Augen mit Filzstift aufgemalt.

12. Nikolausstiefel

Material:
- Wellpappe in Rot
- Krepppapier in Rot
- Watte
- Schleifenband
- Goldglimmer
- Klebstoff und Schere

Anleitung:
Schneiden Sie aus roter Wellpappe einen 6 cm breiten und 50 cm langen Streifen mit Klebezacken am unteren und oberen Rand sowie zweimal die Stiefelform aus. Achten Sie dabei darauf, dass Sie einen rechten und einen linken Stiefel schneiden, d.h. Sie müssen die Schablone einmal drehen. Nun wird der Wellpappestreifen mit Hilfe der Klebezacken zwischen die Stiefelteile geklebt. In die Stiefelöffnung kleben Sie ein 20 x 20 cm großes Stück Krepppapier, das oben mit Schleifenband zusammengebunden wird.
Zuletzt wird der obere Stiefelrand mit Watte umklebt und der Stiefel mit Goldglimmer verziert.

13. Glitzerglas

Material:
- 1 altes Glas (z. B. Marmeladenglas)
- Transparentpapier in 3 verschiedenen Farben
- angerührter Tapetenkleister
- Glimmer und Paillettensternchen
- 1 Stück Kordel

Anleitung:
Dieses Glas können Sie für viele Zwecke verwenden, z. B. als Stiftehalter, als Windlicht oder um kleine Dinge aufzubewahren.

Reißen Sie das Transparentpapier in etwa 3 - 5 cm große Schnipsel und kleben Sie die Schnipsel mit Tapetenkleister auf das Glas, sodass keine freie Stelle mehr zu sehen ist.

Auf das vom Kleister noch feuchte Glas werden nun Glimmer und Paillettensternchen gestreut und dann das Glas über Nacht trocknen gelassen.

Zuletzt wird am oberen Rand eine Kordel festgebunden oder geklebt.

14. Weihnachtsmann

Material:

- Fotokarton in Schwarz und Hellbeige
- Vivelle in Rot und Weiß
- 1 Toilettenpapierrolle
- Geschenkband in Rot
- 1 kleine rote Holzperle
- 2 Wackelaugen, ca. 7 mm Ø
- Klebstoff und Schere

Anleitung:

Schneiden Sie die Hände, Füße und das Gesicht aus Fotokarton, die Mantelbesätze, die Bartteile und je zweimal die Ärmel aus Vivelle-Papier aus. Nun wird die Toilettenpapierrolle mit rotem Vivelle-Papier beklebt, die Hände werden zwischen zwei Ärmel aus Vivelle geklebt. Nachdem die Füße, das Gesicht und die Mantelbesätze mit Klebstoff befestigt wurden, kann das überstehende Vivelle-Papier mit dem Geschenkband zusammengebunden werden, sodass der Weihnachtsmann eine Mütze erhält.

Karten und Geschenkanhänger

15. Weihnachtsbaumkarte

Material:
- Wellpappe in Grün und Rot
- Fotokarton in Rot
- Zeichenpapier
- Goldglimmer
- Goldlackstift und schwarzer Filzstift
- Klebstoff und Schere

Anleitung:
Schneiden Sie die Karte einmal aus Wellpappe und einmal aus Zeichenpapier aus, wobei das Zeichenpapier etwas kleiner geschnitten wird, sodass es nicht aus der Karte herausschaut. Kleben Sie nun das Zeichenpapier in die Karte aus Wellpappe, so kann die Karte innen beschriftet werden.

Nun werden die restlichen Teile ausgeschnitten, auf die Wellpappe geklebt und die Karte mit Glimmer verziert.

Zuletzt wird das Schriftband mit Goldlackstift und schwarzen Filzstift beschriftet.

16. Geschenkanhänger

Material:

- Wellpappe in Grün
- Fotokarton in Weiß
- Zeichenpapier
- Wachsmalkreide in verschiedenen Farben
- Nadel, Geschenkband
- Klebstoff, Schere und Zackenschere

Anleitung:

Dieser Geschenkanhänger wird mit der Durchreibetechnik hergestellt. Schneiden Sie aus Wellpappe eine Karte aus und knicken Sie sie in der Mitte. Anschließend werden die Sterne aus Fotokarton ausgeschnitten und auf ein anderes Stück Fotokarton geklebt. Legen Sie nun ein Stück Zeichenpapier über die Sterne und fixieren Sie dies mit ein paar Büroklammern, sodass es nicht verrutschen kann. Nun wird mit der breiten Fläche der Wachsmalstifte fest über das Blatt gerieben, sodass die sich darunter befindlichen Sterne sichtbar werden. Wiederholen Sie diesen Vorgang mit 3 - 4 verschiedenen Farben. Zuletzt wird ein ca. 7 x 10 cm großes Stück aus dem Zeichenpapier mit der Zackenschere ausgeschnitten und auf die Karte geklebt. Stechen Sie mit einer Nadel ein Loch in die obere Ecke und ziehen Sie das Geschenkband hindurch.

17. Sternenkarte

Material:
- Fotokarton in Weiß und Orange
- Goldkarton
- Glitzerfolie
- Schleifenband
- Klebstoff und Schere

Anleitung:
Schneiden Sie aus weißem Fotokarton eine 17 x 23 cm große Karte aus und knicken Sie sie in der Mitte. Anschließend wird ein unregelmäßig ausgeschnittenes Stück Glitzerfolie aufgeklebt. Das Schleifenband wird über die Ecken gelegt und mit Klebstoff fixiert.

Zuletzt werden die Sterne auf der Karte verteilt.

18. Schneemannkarte

Material:
- Wellpappe (W-Welle) in Gold
- Fotokarton in Blau und Orange
- Vivelle in Schwarz und Weiß
- weißer Glimmer
- Klebstoff und Schere

Anleitung:
Schneiden Sie aus Wellpappe eine 15 x 21 cm große Karte aus und knicken Sie sie in der Mitte. Anschließend wird ein unregelmäßig ausgeschnittenes oder gerissenes Stück blauer Fotokarton aufgeklebt.
Schneiden Sie ein etwas kleineres Stück Zeichenpapier aus und kleben Sie dies in die Karte aus Wellpappe, so kann die Karte innen beschriftet werden. Nun werden alle Einzelteile ausgeschnitten und der Abbildung entsprechend auf die Karte geklebt. Zuletzt wird der Schnee mit weißem Glimmer aufgemalt.

Windlichter und Kerzen

19. Weihnachtsbaum-Windlicht

Material:
- ✷ Wellpappe in Grün und Braun
- ✷ Transparentpapier in Grün
- ✷ grüner Glimmer
- ✷ Klebstoff und Schere

Anleitung:
Schneiden Sie das Windlicht aus Wellpappe aus und hinterkleben Sie die Tannenbaumform mit Transparentpapier. Die Faltlinien werden mit der Schere leicht vorgeritzt, geknickt und das Windlicht an den Kleberändern zusammengeklebt.
Zuletzt wird der Baumstamm aufgeklebt und das Windlicht mit Goldglimmer verziert.
Beleuchtet wird der Tannenbaum mit einem Teelicht.

Zum Schluss werden die Fensterflächen mit Transparentpapier hinterklebt und die Häuser mit weißem Glimmer verziert.

Die Häuser werden mit einem Teelicht beleuchtet.

20. Leuchtende Häuser

Material:

- Fotokarton in Weiß
- festes Transparentpapier in Weiß
- weißer Glimmer
- Klebstoff und Schere

Anleitung:

Übertragen Sie die Vorlage auf weißen Fotokarton und schneiden Sie das eine Haus aus, das andere Haus wird entlang der Linie perforiert, indem mit einer Nadel nebeneinander kleine Löcher eingestochen werden. Ebenso werden die Fenster ausgestochen.

21. Beleuchtete Weihnachtskrippe

Material:
- Wellpappe in Rot
- Goldkarton
- Tonpapier in Schwarz
- Transparentpapier in Regenbogenfarben
- Goldglimmer
- Klebstoff und Schere

Anleitung:
Schneiden Sie den Rahmen aus Wellpappe aus und hinterkleben Sie ihn mit Transparentpapier. Nun werden die Krippenfiguren aufgeklebt und der Stern auf der Karte platziert. Zuletzt kann die Karte mit Goldglimmer verziert werden. Stellen Sie hinter die Karte ein Teelicht, sodass die Krippe bunt leuchtet.

22. Wichtellicht

Material:
- ✷ Wellpappe in Grün
- ✷ Fotokarton in Rot, Schwarz und Hellbeige
- ✷ Vivelle in Rot und Weiß
- ✷ 2 Wackelaugen, ca. 7 mm Ø
- ✷ Klebstoff und Schere
- ✷ 1 Teelicht

Anleitung:
Schneiden Sie einen 2 cm breiten und ca. 20 cm langen Wellpappestreifen aus und kleben Sie ihn um das Teelicht. Schneiden Sie den Wichtelmann, das Gesicht und die Hände aus Fotokarton aus, die Nase, den Bart und die Mantelbesätze aus Vivelle-Papier.

Nun wird der Wichtel gemäß der Abbildung zusammengeklebt und mit dem Bauch und den Handschuhen am Teelicht befestigt.

23. Sternkerze

Material:

- Wellpappe in Gold (W-Welle) und Rot
- Sternchengirlande
- Klebstoff und Schere
- 1 Teelicht

Anleitung:

Schneiden Sie die Sterne aus und kleben Sie sie aufeinander. Anschließend wird ein 2 cm breiter und ca. 20 cm langer Wellpappestreifen geschnitten, um das Teelicht geklebt und auf den Sternen mit Klebstoff fixiert. Zum Schluss kleben Sie die Sternchengirlande um die Kerze.

Tischschmuck

24. Kerzentischkarte und Serviettenring

Material:
- Fotokarton in Weiß, Gelb, Rot und Orange
- Wabenpapier in Rot
- schwarzer Filzstift
- Klebstoff und Schere

Anleitung:
Schneiden Sie die Karte, den Serviettenring sowie die Flammen aus Fotokarton aus und kleben Sie die Flammenteile auf. Der Serviettenring wird zusammengeklebt oder getackert. Nun kleben Sie die Kerzen aus Wabenpapier auf und lassen den Klebstoff trocknen.

Anschließend wird das Wabenpapier auseinander gezogen und auf der anderen Seite ebenfalls festgeklebt.

25. Kerzen aus Wellpappe

Material:

- Fotokarton in Gelb und Orange
- Wellpappe in Rot
- Goldglimmer
- schwarzer Filzstift
- Klebstoff und Schere

Anleitung:

Schneiden Sie aus der Wellpappe einen 11,5 x 30 cm langen Streifen aus und kleben Sie ihn zu einer Rolle.

Die Flammen aus Fotokarton werden übereinander geklebt und der Docht mit Filzstift aufgemalt. Kleben Sie die Flamme auf die Wellpappe und verzieren Sie die Kerze mit Goldglimmer.

26. Sternentischschmuck

Material:
- Fotokarton in Hell- und Dunkelblau
- Goldkarton
- Goldglimmer
- Klebstoff und Schere
- Nadel und Geschenkband

Anleitung:
Schneiden Sie die Karten, die Serviettenringe und die Sterne aus und kleben Sie die Sterne der Abbildung entsprechend auf. Die Serviettenringe können zusammengeklebt oder getackert werden.

Zuletzt werden die Sterne mit Goldglimmer verziert und der Geschenkanhänger mit farbigen Bändchen versehen.

27. Krippe

Material:

- Fotokarton in Schwarz, Braun, Beige, Hellbeige, Hell- und Dunkelgrün, Blau, Hell- und Dunkelrot und Gelb
- Goldglimmer
- Klebstoff und Schere

Anleitung:

Schneiden Sie alle Einzelteile aus Fotokarton aus. Ritzen Sie die Faltlinien leicht ein und knicken Sie dann die Kleberänder um. Nun werden die Teile des Stalls auf das Rückteil der Krippe geklebt und darauf das Dach.

Die Krippenfiguren, die Krippe und der Stern werden anschließend auf den Stall geklebt.

Zuletzt wird der Hintergrund mit etwas Goldglimmer verziert.

ENGLISCH VERLAG

Bücher für Kreative

ISBN 3-8241-0776-7
Broschur, 32 S., Vorlageb.

ISBN 3-8241-0775-9
Broschur, 16 S., 2 Vorlageb.

ISBN 3-8241-0760-0
Broschur, 16 S., 2 Vorlageb.

ISBN 3-8241-0755-4
Broschur, 16 S., 3 Vorlageb.

ISBN 3-8241-0704-X
Broschur, 32 S., Vorlageb.

Lust auf Mehr?

Liebe Leserin, lieber Leser,

natürlich haben wir noch viele andere Bücher im Programm. Gerne senden wir Ihnen unser Gesamtverzeichnis zu. Auch auf Ihre Anregungen und Vorschläge sind wir gespannt.
Rufen Sie uns einfach an oder schreiben Sie uns.

Englisch Verlag GmbH
Postfach 2309 · 65013 Wiesbaden
Telefon 0611/94272 - 0 · Fax 0611/9427230
E-Mail englisch@englisch-verlag.de
Internet http://www.englisch-verlag.de